大是文化

讓人無法拒絕的神奇字眼

話該怎麼講，結果立刻不一樣？精準掌握幾個字，瞬間消滅對話中的負能量

亞馬遜書店暢銷書作家
英國傑出業務行銷獎最年輕得獎人
Phil M. Jones 菲爾・瓊斯 ——著
廖桓偉 ——譯

CONTENTS

第二章　做任何決定之前……
——這些神奇字眼能瞬間改變人的決定

各界讚譽

「天靈靈地靈靈——你變成百萬富翁啦！只要你實踐本書中的建議，就會發生這種好事。讀第二、第三次，收穫將會更多！」

——傑佛瑞・海茲雷特（Jeffrey Hayzlett）

黃金時段電視節目與播客主持人，C-Suite Network 董事長

「用對的方法說對的字，就算不是魔法，也能得到魔法般的結果。作者帶給我們非常易於應用的指南。」

——鮑伯・柏格（Bob Burg）

《給予的力量》（*The Go-Giver*）共同作者

「菲爾在結論提到一句話，最能形容本書：『你在書中學到的一切，都很簡單明瞭、容易實踐，而且有效。』本書經由實驗，保證能讓你比現在順心。」

——菲力普・海斯凱夫（Philip Hesketh）

專業演說家與作家，專攻說服力與影響力方面的心理學

「若你想讓潛在顧客、客戶、同事、老闆或任何人，贊同你想要的事物，那我要送你四個神奇字眼：『讀這本書！』只要你想銷售產品、服務或故事給別人，或想打從一開始就打動、激勵、吸引、影響對方，那這本書你不可錯過。它會教你使用最具說服力的字眼，在對

的時機用最適合的問法，透過這段過程，將你個人與職場字典中的錯字都清除。」

——希爾薇・迪・朱斯圖（Sylvie di Giusto）

專題演說家，企業形象顧問

「本書充滿各種點子與任何人都可實踐的建議，幫助你在對話中取得你想要的結果。」

——葛蘭特・李伯夫（Grant Leboff）

StickyMarketing.com 執行長

「實踐菲爾簡單、卻強力的魔法字眼，對我們價值兩千萬英鎊的事業而言，帶來了不可或缺的成長。菲爾給了讀者一整本現實解決方案，引導你實現人生與事業藍圖。」

——理查・狄克森（Richard Dixon）

Holidaysplease 總監

「思考自己該說什麼話的最糟時機，就是說話的當下！我一直都很愛讀『強力講稿』、『殺手級問題』與『魔法詞句』這種類型的書，因為我能藉此吸引客戶、敲定交易。而沒有人比作者還能掌握解開各種困境的金鑰。假如你想要提升銷售量與影響力，而且更省時，那麼這本書就是邁向成功的魔杖或銀彈！」

——羅柏・布朗（Rob Brown）

人脈教練學院（Networking Coaching Academy）創辦人

暢銷書《建立你的名聲》（*Build Your Reputation*）作者

推薦序一

以心理學為基底的神奇字眼

GAS口語魅力培訓®創辦人／王介安

請你想像一種狀況，你身處於一間嘈雜的教室，此時班長走進來，對臺下的同學宣布：「各位同學請注意，請記得明天上課要帶老師上次交代的作業。」結果第二天，有不少同學還是沒帶。為什麼？

現在，我們將時間倒轉、改變一下，教室依然嘈雜，班長走進來說：「各位同學請安靜，現在請大家安靜一下，我有一件很重要的事情要宣布，」接著說：「請記得，明天上課要帶老師上次交代的作業。」結果第二天，每一位的同學都把作業帶來了。

你可以再想像一種狀況是，一名業務員在大賣場推廣廚房清潔產品：「非常好用的清潔劑，可以讓廚房變得更乾淨。」這樣講，我想成效是有限的。但當他換了一個說法：「您想讓廚房變得更乾淨嗎？這個清潔劑真的非常好用。」靠近的客人就變多了，然後，他又換了說法：「想讓廚房變得更乾淨嗎？這個清潔劑，不僅非常方便，還很天然環保。」人數又增加，而且開始有人購買。

以上案例都是我們過去的實驗，資料很清楚的顯示，兩、三種遣詞造就的結果，是完全不同的。多說一句話、少說一句話、用不同的說法來詮釋相同的概念，都會有不同的結果，這已經由各種實驗得到證實。

用字遣詞是一種「有意識的構思」，可是你會想，對話通常發生得很快，來不及構思啊！其實透過經驗各種不同的狀態，用字遣詞的準確程度、速度都會提升。你可能還會問，生活中有這麼多不同狀態，用字遣詞的反應哪有可能這麼快速呢？其實我們的生活當中，經歷的重複率非常高，在工作當中更是如此。親子溝通也好、情感溝通也好，甚至帶領團隊、業務推廣、客戶服務，也都是一種法則、可以量化歸納。為什麼？哈！因為重複率真的很高。

溝通之所以不容易，就是因為我們聽到的語言，會轉化成一種內心感受。雖說每一個人對語言的理解與感受都不一樣，然而在我們的研究中，人們內心對某些語言的「好感度」高，所以常用這些會讓人產生「好感」的語言，你和人溝通的達陣機率就提高。這是在我們ＧＡＳ口語魅力培訓®課程就不斷演練的「策略型說話術」——我們想達到什麼樣的目標？提高你的用詞精準度，目標比較容易達成。

本書作者的成長背景和我很接近，我們從媒體與行銷工作出發，之後成為口語溝通的研究者與教師。這本書不只是列出「神奇字眼」，其實是這些神奇字眼進入人們心中的影響，其內容可說是以心理學與行銷學作為基底。

我經常用以下這個例子來詮釋用字遣詞的影響力。當某人遇見很難溝通的對象時，溫暖而誠懇的講：「如果你願意的話，或許可以站在我的立場思考。」這句話很有力量，也易於應用，它誘導對方進入你的思想，而這本書就是要帶給我們一種溝通用詞的構思，與我至今的研究不謀而合；我們在課程當中和學員們探討的「語言系統」與「正向語法」建立，便是如此。

作為一名從古希臘時期的「語藝學」（Rhetoric），探討到近代危機管理與競爭溝通用字遣詞的研究者、教學者，看到這本書誕生，我非常開心。相信此書對於現代的研究教學、職場工作、人際溝通，都有全面而廣泛的影響。

期望你因為擁有這本書，讓工作與生活更快樂，不僅能在重要關頭、利用不同的神奇字眼翻轉結局，或許也一併翻轉你的人生。

推薦序二

一句話該怎麼講，能讓結果不同？

「一談就贏」創辦人、國際權威談判講師／鄭志豪

標題這個問句重要嗎？當然重要！因為在你我過往的生活中，肯定都有些不堪回首的記憶，一回想當時的處境時忍不住想說：「如果我當時換種不一樣的說法，也許就不會是這種結果了！」

很高興能見到本書的中譯本出版，因為這正是一本實用、具體的好書，針對到底該講什麼話而能產生不同影響，提出有效的示範說明。作者不但是英國銷售訓練大獎有史以來最年輕的得主，本書在亞馬遜（Amazon）網路書店上更名列多項類別的前十名，也足以證明

這本書有多實用且多受歡迎。

我自己也是專門講授銷售和談判的企業講師，所設計的「一談就贏」更是目前國內最熱門的談判課程。根據我本身在全球不同國家多年成功的銷售經驗，以及在各大知名企業所遇過的上萬名業務精英，發現本書不只是一本不可多得的銷售指南，它也很適合各行各業的讀者閱覽，因為每個人都希望自己一開口，就能被對方接受並認同。

翻閱本書你會發現，原來只要簡單的換句話來傳達，結果居然會有那麼明顯的不同！舉例來說，書中提及「你對……有什麼了解？」用這樣的問句取代一開始就大肆推銷，尤其中間的「……」，是指對方目前公司的狀態或一項正面臨的問題，而不是我方的一項產品時，對方的抗拒感當然會瞬間降低；「假如……你會覺得如何？」，再搭配「想像一下……」，只要對方暢所欲言的機會夠多，成交或說服對方的機率就會大增。

我更喜歡另一個章節「你有三種選擇」及「世上有兩種人」兩種說話技巧，因為我過去在不同產業的銷售生涯中，也經常應用，效果出奇的好，若從談判的角度來說，說出這些話的同時，我們無形中也幫對方設定了一個新的框架，只要他繼續在那個框架中打轉，最後都可能會接受、我們期待他接受的決定，而他還會以為是自己幾經思考後才有這個決定。很多人企圖要對方接受自己這方的話或道理，卻忽視了**對方最可能接受的，其實是從自己口中說出的話**。

本書舉出的許多範例會讓你驚訝，讓對方說出呼應你所期待的話，其實沒有你想像的那般困難。

這是一本面面俱到、每一招都實用的好書，分享給每一位想讓自己說出口的話更有影響力的朋友。

推薦序三

說話方式決定你的高度；用的詞彙，讓人判斷你的深度

口語表達專家、企業講師、廣播主持人／王東明

「話」大家都會說、都需要說，但還是有很多人說的話會讓聽者忍不住皺眉，如果溝通的對象是你很重要的客戶或主管，自己很可能已經被打入冷宮還沒有自覺。「那麼，該怎麼說？」這是課堂上學生最常提出的問題。

話說出口之前要先整理一下腦中的訊息，知道要傳達的目的與結果是什麼，之後再整理、篩選什麼話該說、怎麼說、如何說，並找

出對的時機和場合，而不是想說什麼就直接說出口。

曾經有某單位邀請我去點評商業簡報，臺上都是同一家公司的成員，評審除了我以外，還有來自同公司不同部門的兩位主管。承辦的窗口說，這是公司自行舉辦的簡報大賽，除了希望同仁能夠主動參加之外，也透過這場比賽使公司更團結。

那天參賽的選手有十二位，年紀介於三十至三十五歲之間，這場比賽除了臺上精彩，臺下的三位點評更是犀利。我永遠記得L先生的點評，他提醒選手，說出來的話除了語調要有「溫度」、語氣須「肯定」，給臺上成員的提醒、建議，最好使用「具體」的詞彙，一定要「口出福田」。

L先生一開口，不外乎是「我覺得」、「但是」、「不過」、「然而」、「可是」，表情又嚴肅了一點，讓臺上的選手更加緊張。現場觀眾有兩百位同家公司的夥伴……現場瞬間變成檢討大會。另一位女主管R小姐，點評時都帶著微笑，她會先具體提出簡報者的優點、用心之處，接著停頓兩秒（現場安靜）面帶微笑問臺上的參賽者：「是不是很緊張？」

待參賽者點頭後，R才緩緩說出建議：「如果你可以試著把語速放慢、加強重要的詞彙，剛才的表現會更有魅力、更有影響力！（點頭）比方說，剛才講到『市占率提升到一五〇％』。你可以加強『提升』這個詞，『一五〇％』試試看放慢語速……。」R小姐說話的同時，雖然臺上很安靜，但是我觀察參賽者的表情，他們顯然希望點評可以再多一點，而臺下的笑聲、掌聲，明顯與L先生講評時有差異。我相信這兩位主管都已身經百戰、閱人無數，但其說話的方式給聽者的感受卻截然不同，造成的影響力、溝通結果也差距分明。

比賽結束後，可以看到參賽者都圍繞在R小姐旁邊。若你問我L先生哪裡不對？哪裡做錯了？不，不應該這樣問！你應該換句話問：「L先生需要加強哪些？調整哪些？才不會讓人覺得如此嚴肅？」

很簡單！好好閱讀本書，花時間練習幾遍，你的表達能力就會有明顯的不同。大家對你的「印象」也會改觀，都會換成有溫度、說話得體的「好印象」。

推薦序四

九〇%以上的問題，出在雙方表達的方式

「為你而讀」執行長／蘇書平

不少人在工作上常會遇到這樣的挫折與誤解，就是公司內部常見的職場溝通，或是與客戶無法順利溝通；在生活上，和家人及朋友也會遇到很多溝通障礙。而你也困擾了很久，苦思不得其解。

但你有沒有想過，其實我們遇到九〇%以上的問題，基本上都是雙方表達的方式出了差錯，有時候可能因為講話太直接，讓人覺得不舒服；或者因為過度轉彎，而讓別人無法了解你要表達的事。

雖然坊間不乏談溝通的書，但我覺得本書非常特別，作者透過一

種很簡單、符合人類行為科學的口語表達技術，教你如何快速又有效的將其應用在工作和生活上。你只需要將對話換掉幾個字，可能兩人之間的氣氛就會截然不同。

例如在客戶決定之前，你會用「你為什麼會這麼想？」，來巧妙的轉移整個對話的主導權，使對方被迫要給你一個答案，來解釋自己的說法是不是遺漏了什麼。有時候這樣的方式其實是最有效的，因為我們在溝通的當下，難免會互相猜測對方在想什麼，所以讓日常工作的溝通缺乏效率。但只是簡單的改變一下說法，就可以讓你更快了解對方的想法，因此我覺得本書真的非常實用。

另外本書最特別的是，它並沒有閱讀的先後順序，因為每一個小節都是一個方法、非常有用，所以你可以根據目前的工作狀況，套用你最需要的字眼或是溝通情境，以這些神奇的字眼來傳達想表達的事情，這也符合現代人看書的習慣。所以閱讀這本書不花費時間心力；或者，你也可以把它當成溝通字典。

此外，本書提到一個字眼，筆者覺得非常有趣，叫做「精準觸發」（precise trigger）。也就是只要你**講對的話，就可以觸發對方採取你所希望的行動，或接受你的建議**、工作提案，這也是我非常推薦這本書的原因。我認為好的著作，就是能馬上應用到生活、工作上，也希望每個人都可以從本書中，得到對你有幫助的知識，減少更多溝通的挫折與被誤會的情形。

前言

瞬間改變對方潛意識的神奇字眼

思考自己該說什麼話的最糟時機，就是你已經說出口的時候。

本書幾乎匯集了所有可能，讓你無論是和誰對話，幾乎都能取得優勢。

我猜你挑這本書的原因，一定包含在以下幾項理由之中。你可能是經驗豐富的銷售專家，想磨練技巧；或許你正在經營事業，在尋找更順利的改善之道；或者你只是被本書封面設計吸引目光，就拿起來翻閱。但我很確定，既然你拿起這本書，就表示你不會拒絕改變，而且十分認真看待你的個人成功。

我在研究人、人類關係與商業互動的時候發現，明明對話中使用同樣的字眼，有些人得到的結果就是與其他人截然不同。

商場之中，一群人可能掌握相同的產品與資源，其中有些人遲遲無法成功招攬客戶，有些人卻不斷成功。

雖然這些成功人士在態度與努力方面各有不同，但我發現這些人彼此有一項共通點：**他們都明確知道，該說什麼話、以何種方式開口，又怎麼讓說出口的話見效。**

我是在領悟這點之後，突然想知道：單單只是改變幾個字，能對整段對話後的結果造成什麼差異？我從此研究，能改變個人信念體系的「精準觸發」。

二〇一二年，我出版了一本小書，書名是《魔法字眼》（*Magic Words*），書中提及我在訓練和演講時常用的字眼。我以這本書為傲，不只是因為它暢銷；更重要的是，買這本書的讀者確實讀過它。他們運用從書中獲得的觀念，改變了一下措辭，便獲得極佳的結果。

容我稍微解釋，這些「神奇字眼」是什麼。

神奇字眼是瞄準大腦潛意識使用的字詞。大腦潛意識是強力的決策工具，因為它會透過制約作用被預編，這樣人們在下定決策時，就不會過度分析。它的運作方式類似電腦：**只有「是」或者「不」，而「或許」是不存在的**。

對每個人的選擇而言，潛意識十分強勢、行動很快速。只要用這些字眼直接與大腦的這部分對話，接下來你聽見的答覆就能避免掉很多「應該」，取而代之的是反射性回應，你因此獲得對話的優勢、結論更能照自己的意思走。

如果你想知道潛意識幫了你什麼，我再舉幾個簡單的例子。

- 在你睡眠時控制你的呼吸。
- 在熟悉的歷程中輔助你完成例行公事。
- 當某件事物的發音和你的名字相似時，你的注意力會立刻轉移到這件事物上。

我們所有人每天都仰賴大腦潛意識完成一切事務，如此一來，我們就不需要自己處理、計算與衡量每一次決定。

我在本書中會重新提及一些上一本著作提過的用字，再追加新措辭，將這些精確的例句擺在你眼前，教你怎麼將它應用在即刻的對話中。我將盡可能協助你，理解這些字眼背後的原則，讓你能更加活用在各種場合。

這些字眼經測試都證明，如果你應用的方式沒錯，就會有好結果。不過，本書談的主題遠比我上一本著作《魔法字眼》還豐富。每當你讀完一篇，就能汲取打動人心的犀利洞見，也將明白——只要簡單改變幾個字，你的生活就能比現在更隨心所欲。

沒錯，我相信你能藉由本書的建議，提高你在各方面的成功，其實，稍後討論到的每一條原則，都能輕易轉用在其他產業及任何生活領域上，讓他人眼中的你變得更有說服力、影響力，不管做任何事，都會比現在更有力量。

我建議你在讀這本書的時候，手邊放一本筆記和一枝筆。每當你讀過一段，請試著列舉你周遭的例子，下定決心盡快試用看看，而每當你嘗試一次後，就會更自在、更有自信。我分享的內容雖然看起來簡單，但執行上可沒那麼容易，因為，你**想變得自在，過程反而會讓你很不自在**。

我很期待見識你的成果，請不吝用你慣用的社群平臺聯絡我、分享你的經驗：你是如何變成更加熟練的「決策催化劑」（decision catalyst），為你說出口的每一句話增值？

第一章

只要簡單改變幾個字

——改變對方（潛）意識

神奇字眼 1

我不曉得你有沒有興趣，但是……

據我所知，大家之所以無法向他人推薦自己的點子、產品或是服務，最常見的理由，就是害怕被回絕。

也因此，我認為最好的開場白，就是一套讓你能在任何時機、向任何人介紹東西，而且不會被回絕的神奇字眼。這樣的用字遣詞是：

「我不曉得你有沒有興趣，但是……。」

讓我們花點時間了解，這句開場白是怎麼運作的。

以「我不曉得你有沒有興趣」開啟對話，對方的大腦潛意識此時就會接收：「我沒有要給你壓力。」你暗示對方可能不會有興趣，反倒引起他的好奇。他會猜想，你到底想講什麼？況且你這樣講，他們內心就覺得必須有所決定；因為你的語氣很溫和，那他們的決定就會發自內心，而不是被壓力影響。

不過，整句話的效果是在最後兩個字發揮出來，而且照理來說，這兩個字在所有對話中都應該避免才對——「但是」。

想像一下你的主管這麼說：「你是團隊內很寶貴的成員，對於你的貢獻我們都很感激，但是你有些地方可以改。」主管這麼說，哪個部分你記憶最深刻？八成是接在「但是」之後的話。「但是」把在那之前的話都否定了，所以當你對某人說：「我不曉得你有沒有興趣，但是……」對方的腦海中就會浮現小小的聲音：「我會考慮看看。」

當你對某人說：「我不曉得你有沒有興趣，但是……」

對方的腦海裡就會浮現一個小小的聲音：「我會考慮看看。」

以下是一些例子，能夠幫助你的日常例行對話：

- **我不曉得你有沒有興趣，不過**你覺得還有哪個人會（對我的產品、服務）有興趣？
- **我不曉得你有沒有興趣，但是**我們預計星期六要出遊，想邀請你一起去。
- **我不曉得你有沒有興趣，但是**這個機會到下個月就沒了，我很怕你錯過。

這種不會被回絕的說法會造成什麼結果，很好猜。只有兩種可能：一是對方想從你這裡得到更多資訊，因為他產生了興趣；二是他會說：「我考慮看看。」——情況再糟也不過如此。

神奇字眼 2

你願意試試嗎？

你問一千個人：「你認為自己樂於接受新事物嗎？」我保證有九百個人會回答：「是。」

世界上，幾乎所有人都認為自己達到這般境界，其實，原因不難理解。

假設另一個選項會讓對方被人視為保守、固執，那麼在這二選一的前提之下，保證對方會願意聽你的點子。既然知道人們喜歡被旁人認為是樂於開放的，你就能在自己的對話中增添優勢。

當你介紹新的點子給陌生人、朋友、潛在顧客或團隊成員時，請善用這句話：「你願意試試嗎？」接著，再營造你希望他們能參與的情境，這樣一來，對方就會自然而然的被你吸引，也會支持你想做的事。這種開場白會將對方同意的機率從五〇%，提高到九〇%；畢竟，大多數人都想當個開放的人。

以下是一些實務上的例句：

- 你願意試試這個新方案嗎？
- 你願意試試，給它一個機會嗎？
- 你對於增加月收入，抱持多開放的心態？
- 你願意試試和我合作嗎？

前述這些選擇，會讓對方很難回絕你的點子，不然也至少會讓他覺得，應該要考慮一下可能性。就好像你有給他選擇空間，但其實你是在強調這個唯一的選項。簡單來說就是：「你願意試試嗎？」

當你介紹新點子時，用「你願意試試嗎？」來開頭。

這樣對方就會自然而然被你吸引，支持你想做的事。

畢竟，每個人都想當個心胸開放的人。

神奇字眼 3

你對……有什麼看法？

你找別人討論事情時，是否經常很快就變成在爭論，因為對方認為自己最了解，甚至希望能用他的看法說服你？

為了影響對方，你一定要注意控制對話的方法。有一招能取回控制權，即讓對方的立場從篤定，變成不確定。

若要動搖對方的立場，人們通常會挑戰對方的看法，或者乾脆吵一架。

我保證你有遇過無論怎麼說，對方依舊不懂你在講什麼的情況，這時你會覺得洩氣；或是沒辦法克服對方的成見，你慌了。這種情況在你推薦新點子或概念給某人時經常會發生，而許多人的「我最懂」心態，是不容易克服的。

若要克服許多人的「我最懂」心態，

最好的方法是，問他的看法有哪些論點作為根據。

你當然不會想和別人吵起來，所以最後你不是退縮就是乾脆走開。不過，一種看法若要產生價值，就應該根據某些知識。克服這類型衝突的辦法，絕不是要吵贏對方，而是問對方的看法，是以哪些理由作為依據。

你的目標是扭轉情境、讓對方承認其意見缺乏根據，但同時給他臺階下。以「你對ＸＸＸ有什麼看法？」開頭，就是在溫和的試探他的理論基礎，同時也強迫他分享，自己的主張是根據什麼事實。這麼一問，通常他們會頓悟，原來自己的理直氣壯根本沒根據。

以下是你在現實生活用得上的例句：

● 你對我們、我們的事業，還有我們獨特的經營方式，有些什麼看法？

● 自從某某事件以後，你對……有什麼樣的看法？

● 你對此處真實營運狀況的了解有哪些？

● 你對ＸＸ產品部門的利益，了解到何種程度？

上述這些問法能讓對方醒悟，覺得自己的看法可能需要修正，這時的他比較能接受改變。

最糟的情況，頂多就是你清楚對方的論點有明確根據，但壞結果背後的好處是，你也方便提出反對的意見。用上述這些字眼，自信的挑戰對方，而且可以避免爭吵；畢竟吵架一定有輸家，而且不管是誰輸，都不會是你期待的結果。反正不是雙贏，就是都輸。

神奇字眼 4

假如……你覺得如何？

有個詞在各種討論會被講到爛了，那就是「動機」。但當我問聽眾這個詞是什麼意思時，每個人都露出一臉呆滯的表情。這個詞的意義，是理解「協商」、「影響」與「說服」等領域真正的基礎，而如果你想表現得最好，就該更深入探討它。

簡言之，懂得運用這個詞，你應該就能讓任何人做任何事。

「動機」（motivation）是由兩個常用字眼組成。「motiv-」源自拉丁文的「motivus」（按：引起運動），翻譯成白話就是「動的」（motive），也可以解釋成「理由」（reason）；而「-ation」則是源自「行動」（action）；某人準備要行動，就代表他準備要「做某件事」或「動作」。因此，**動機最簡單的定義，就是**「動作的理由」，或是**「做的理由」**。

現在請你問自己：假如理由充分，你就能讓任何人做任何事，也不誇張吧？

若你想要別人做他平常不會做的事，首先你得找一套誠實、夠充分的理由。想判斷理由充不充分，你就得先了解，別人是如何動起來的。**人們只會因為兩件事動起來：避免損失、有正面收穫**。他若非朝他想要的美好事物邁進，就是想避開可能傷害自己的事物。**現實告訴我們，比起獲得潛在收穫，人們會更努力的避免潛在損失**；重要的是，你越是增強對方「不想做」和「想做」之間的反差，就越能讓對方動起來。只要你了解「動機」所蘊含的真相，再結合我接下來提及的重點，就等於了解這套神奇字眼的脈絡。

接下來你一定要考量的，就是對方的決策是立基於情感，還是邏輯之上。而這道問題有了答案：兩者皆有。只不過，情感理由會主導決策。

現實告訴我們，

比起取得潛在收穫，
人會更努力避免潛在損失。

一件事情要有道理，你得先覺得它是對的。我敢保證，你曾經放棄溝通，是因為你搞不懂對方為何聽不進你的建議，忍不住在心裡嘀咕：「他為什麼不這樣做！這樣做才合理！」假如你想合理化你的建議、來贏下這場爭論，那你訴求的理由就錯了，因為對方的決策是以「覺得對」為前提；所以你讓他覺得對，其他事情都好辦了。

神奇字眼便是以這兩套複雜的理論為基礎，而這一切都能彙整成一道問題的開場白。只要用「假如ＸＸＸ，你覺得如何？」來介紹，對方選擇這件事物之後的情境，你就能讓對方搭乘時光機降臨不久後的未來，同時想像在那個時刻被觸發的情感。只要選對時刻、觸發對方的正或負面情感，你就確實創造出「改變的理由」；對方也會希望能獲致成功，或者避免損失，準備好接受你的提案。接下來你就能描繪出未來情境，留給對方自己端詳。

以下是實務上會出現的例句：

- 假如你能因為這個決策而得到升遷，你感覺怎樣？
- 假如你的競爭對手超越你，你覺得……？
- 假如你能改變局勢，你覺得如何？
- 假如你失去一切，這時你有什麼感覺？

如果你在明年的這時候能還清所有債務、入住夢幻家園，還可以規畫下一次假期，你覺得怎樣？

以「假如……你覺得如何？」這句話來創造未來情境，引發對方展望未來的興奮感，這樣他們就有理由往好事踏出第一步，或是避開壞事。記住，反差越大，你讓對方動起來的機會就更大。

神奇字眼 5

想像一下……

你知道嗎？每個人在下決定前，都至少要經過兩個過程。但人們的第一個決策過程，只是存在於腦海中的假設，還不會成真。

事實上，一項決定要成真，你一定會先想像自己執行這個決定的樣子。你有沒有這樣子回答過對方（或在心中嘀咕）：「我沒辦法想像自己這樣做。」

假如你無法想像自己做某一件事的樣子，就不可能真的去實踐。人們的決策是依據腦中的畫面，所以假如你能讓對方的腦海出現畫面，這時你就影響了他的決定。

如何在別人的腦海中創造畫面？說故事。還記得小時候，有很多故事的開頭都是「很久很久以前……」。我們聽到這句話時會覺得可以放鬆心情、享受當下、不如擁抱自己的想像力，因為對方正在用言語描繪出一個世界，等待我們跳進去。

不過，這段開場白對成人來說非常不管用，所以你需要一些神奇字眼創造出相近的畫面。當「想像一下……」這句話入侵你的腦中，大腦就按下潛意識的開關，接著開啟「影像螢幕」，不由自主的放映你所創造的情境。

前一段你學會「避開」、「邁進」這兩種動機，而你可以將同樣的法則，拿來為「想像一下……」作結，藉由這種方式，**能驅動對方著手你希望他做的事**。

以下是這段神奇字句的幾個用途：

- 想像一下，如果你實施這套措施，六個月後會有什麼變化？
- 想像一下，如果你放任這次機會溜走的話，老闆會不會改變對你的印象？
- 想像一下，孩子目睹你達成這件事，會露出什麼樣的表情？
- 想像一下，這件事會帶來什麼衝擊？

只要讓這樣的力量附著在對話者的創意思維，讓對方自行建構你呈現出來的例子，你就不再需要瞎猜，也能創造出栩栩如生的現實。

這種在聽者腦中形成的畫面，遠勝過你任何一種描述方式。

苦差事就留給對方吧！想像一下你對團隊成員、潛在顧客說了：「想像一下，當你對你的孩子說『已經定好要去迪士尼樂園玩了』，孩子會不會笑容滿面？」或這麼說：「想像一下，你開新車上路的快感。」只要你如此陳述，他就可以直擊這件事的實現畫面。

既然這些事件情境已在對方的腦中具體成形，他就會相信它有可能實現。我的意思是，想像一下這麼做，將會為你和你的事業帶來什麼改變？

怎麼在別人的腦中創造畫面？

說故事。
當你聽見「想像一下」這四個字時，
大腦會立即描繪出你創造的情境。

神奇字眼 6

你什麼時候比較方便？

當你試著讓別人認真看待你的產品、服務或點子，標題這句簡潔的話會幫你克服一個最大的挑戰。

對方不聆聽你的點子，其中占最多的原因是，對方跟你說：「我沒時間想這些。」

這時，只要你用「什麼時候方便？」當開場白，對方的下意識轉譯成「以後會有方便的時間，我現在不能拒絕。」這種假設，等於承認行程表能喬出討論這件事的時段，只是需要確定日期、時間而已。你這樣直截了當的問，對方就不會對你說他沒時間，你能因此避開其中一道最大的障礙。

以下這些事例你可以試著運用：

- 你什麼時候會方便，好好看一下這個？
- 這件事什麼時候開始進行，你會比較方便？
- 你什麼時候方便談下一個階段？

以上這些情境當中，請確定當你取得回覆之後，能與對方約好聯絡時間，這樣一來你就能主導對話。

若你成功的更進一步、約好時間再談，**請不要問對方，對你推薦的事物有什麼看法**；因為這種問句讓他們輕易的說出缺點、提出自己的疑慮。你應該這樣問：「所以，你喜歡它哪些地方？」再聽對方列舉好處。

只要你以「什麼時候方便？」作為開場白，

就能讓對方下意識的假設：
以後會有方便的時間，所以我現在
不能拒絕。

神奇字眼 7

我猜你應該還沒……

既然論及與對方更進一步，那我就再分享一些接下來會用上的字；當你因對方可能正在考慮，而遲遲不敢聯絡他的時候，你可以用上這些字眼。

你很清楚，有時你提供一些細節給對方，或對方說他們要問看看別人的意見，而現在你必須聯絡上對方才可能進行下一步。

當你擔心某人根本忘了這件事，此時你不該問他考慮得如何，而是要用個稍微不一樣的開場白。

你觸發這場對話時，不但要給對方面子，也不能讓對方有找藉口的機會。這樣一來，他在這來往中就無處可逃，只能聽你的話。他之所以找不出藉口，是因為你以「我猜你應該還沒……」開啟這段對話，亦即你的開場白夠大膽，暗示對方你已猜出他正準備搬出來使用的藉口。

想像一下，你打電話給某人，結果對方說他在確定答覆之前，需要問一下他的另一半。

假如你先問：「我猜你應該還沒和你太太談過？」此時他就不能拿這句當藉口了。所以對方只剩下兩種回應方式：胸有成竹的說他有照約定完成；或因為沒完成而感到羞愧，便和你再約一次時間，把事情做好。

以下是其他例句：

● 我猜你還沒看過這份文件？
● 我猜你應該還沒訂好日期？
● 我猜你可能還沒決定好？

拿出負面情境壓迫對方，

你就能讓他正面以對，或者說出該怎麼彌補自己沒達成的事。

用這種字眼來避免對方顧左右而言他，你就創造了一個情境，讓他毫無防備。假如你說：「我猜你應該還沒決定好？」對方回答：「喔，對啊，我還在考慮。」此時你可以和他協商。假如對方回答：「沒有啦，我們已經決定好了！」你可以這麼說：「那太好了，那我們什麼時候開始？」

以負面情境壓迫對方，讓他正面以對，或是說出該怎麼彌補自己沒有實踐的約定。因為大多數人都言而有信，被人跟催會讓他自己感到很丟臉。

神奇字眼 8

想問我什麼問題？

本篇我一次教你兩種魔法，而且只需要使出一招簡單的技巧。這種技巧背後的心理學可以將開放式問題變成封閉式，於是你就能獲得滿意的結果或答案。

我曾經看過許多人在銷售簡報結尾時犯下大錯，於是就想出這個技巧。

許多人在簡報結束之後會問：「大家有沒有問題？」這道問題會下意識暗示對方，他們「應該」有問題，假如沒有，感覺就很奇怪、甚至有點蠢。結果他們就不會給你明確答覆，而是先離開、考慮一下再說。

簡單換個字，你就能取得主導權。

把「大家有沒有問題？」

換成「想問我什麼問題？」

簡單換個字，你就能掌握主導權。把「大家有沒有問題問我？」換成「想問我什麼問題？」；你先假設會有結果，那他最直接的回應就是「沒有問題」。這有什麼意義？代表他已經有所決定，而且你也有心理準備。這樣換字，通常會讓你得出前述答覆，或他們會問你特定的問題，希望你能回答他。

不管如何，你都讓對方更容易做出決定，你也就不會再聽見誰說：「我需要時間考慮看看。」

這是第一句。第二句神奇字眼可以說既簡單、又有效，不管是用說的、寫的，或是傳簡訊都非常管用。若你想不費吹灰之力，就從對方口中套出資訊，以下這一招最讚。

請想像一下，你已經和某人見面，也希望之後能夠再談。此時，許多人都會犯錯，也就是問對方：「你方便給我電話號碼嗎？」當你問對方「你可以給我XXX嗎？」，對方就感覺自己可以拒絕你，這樣一來你就更難得償所願，因為對方直接的回答是「好啊」或「不行」。以上問法營造出的氣氛，就像在刺探某人隱私一樣。其實你應該問：「我該打哪一支電話聯絡你？」對方便會輕易給你資訊。

看過以上這兩套神奇字眼你就曉得，只要換掉幾個字，你的對話結果就會大不同。

簡單換個字，你就能取得主導權，將原本的「你方便給我電話號碼嗎？」換成「我該打哪一支電話來聯絡你？」

只要換掉幾個字，

你的對話結果就會有很大的不同。

神奇字眼 9

就我來看，你有三種選擇

任何人都討厭被擺布，總是希望最後能由自己下決策。當某人希望有人幫忙做決定時，你可以用這個小節的標題當開頭，凝聚他的目光、精簡他手上的選項，讓他容易選擇。

「就我看來，你有三種選擇」這句話，能幫助對方早點下決定，也讓他眼中的你顯得公正客觀。

雖然你只是把選項展示在他的眼前，但現在你有機會，讓你偏好的選項更占優勢。通常，**提供三個選項比較容易讓人聽進去，而且你可以把你偏好的選項放在最後**，如此一來，你就能輕易建立起這個選項的價值；再加上另外兩個湊數的選項，就能襯托出你偏好的選項好處多。

透過這個字眼，我們能想出好多和生活有關的例子，但其中有一個例子能促進你的思考。

想像一下，你正在招募某個人加入你的事業或組織，而他還在猶豫。你可以一開始就替這個真實情境設定背景。這種陳述可能會是：

「看起來你很討厭現在的工作，沒有樂在其中、工時又長，接手這項工作以後你與家人疏遠，不僅如此，薪水也離你的期望有一大段差距。而現在我已經秀出一個事業機會給你看，你也很喜歡，但你不知道如何是好。

「就我看來，你有三種選擇：一是，你可以準備另謀高就，準備好履歷表、寄出應徵信、通過面試，結果發現新雇主給你的待遇也沒比現在這一份好，而且工作內容和目標也變化不大；二來，你可以什麼都不做、待在原點，默認現況已經算是最好的了，硬是說服自己；三是，你可以試試這次機會，同時先不要辭掉你現在的工作，試試自己可以做到什麼程度。」

「這三個選擇當中，哪一種讓你比較輕鬆？」最後用這個問句作結尾，對方會想，一定要選一個。

「哪一種對你比較輕鬆？」等於消去了「費力另謀新工作」的選項一；而維持現狀的選項，對方本來就不予考慮。所以剩下來的選項是最輕鬆的，也是你希望他選的那個；你將這個選項在最後提起，它變得最有利，因為它遭遇的抵抗心態會是最小的。所以你要以「你有三種選擇」開頭，再用「哪一種對你來說，比較輕鬆？」收尾，這樣一來，本來遲遲下不了決定的對方將會輕易給出選擇。

神奇字眼 10

世上有兩種人

身為創業家、業務員與企業主，我們經常得幫人下決定。**對我來說，不管是哪一種業務員，首要工作就是成為顧客與潛在顧客的「決策催化劑」。不過，這項工作講得白話些，就是：「專門逼人做決定」**（professional mind-maker-upper）。

許多人善於挑起對方對某一件事物的興趣，但唯有在最後一刻協助對方做決定，才能驅使他行動、達成你要的成果。偏偏這個環節最為困難。

如果你要幫對方做選擇，就得消除選項，讓他好抉擇。選項越是極端，決策就越容易完成。紅酒還是白酒？去海灘還是去滑雪？看浪漫喜劇還是動作片？這樣問，就會比選項太多時更好下決定。你的目標，是要建構一種陳述形式，提供對方選項讓人自己選。

如果你用「世上有兩種人」這種神奇字眼請對方選擇，那對方通常當下會有個決定。當對方聽到「世上有兩種人」，腦中就出現小聲音「我會是哪一種？」接著他會等著聽你揭示有哪些選項。

而現在，你必須給予他們兩種選擇，請記得，要讓其中一個選項顯得比較討喜。例句如下：

● 世上有兩種人：有人將個人的財富管理交由雇主定奪；也有人負起完全責任，打造自己的未來。

● 世上有兩種人：有人試都沒試就下評斷；也有人隨時準備好嘗

試，體驗後再找其他人分享看法。

● 世上有兩種人：有人沉溺於往日情懷，拒絕改變；也有人與時俱進，開展未來。

我想你應該看得出套路，你心目中理想的選項，一定要放在後頭才說出來。

現在身為讀者的你可以思考一下，世上有兩種人：有人讀過這本書卻完全不以行動驗證；也有人實踐自己從書中吸收的要訣，立即回收成果。

神奇字眼 11

我敢打賭，你和我有一點很像

標題這句話可能是我最愛的用詞之一，因為它幾乎可以讓任何人同意任何提議。假如是和陌生的對象談話，那「你和我有一點其實頗像」這句措辭的效果又更強了。

你和陌生人講話，一定要讓對話保持流暢，這表示你盡量避免讓對方抗拒。

若你想讓對方相信某一件事，你可以使用這段開場白，保證對方一定會真心、馬上、輕易的相信你。用這句神奇字眼作為開場白：「我敢打賭，你和我有一點滿像的」，對方多半會同意你在說什麼——前提是你說的話必須有合理根據。

以下這些方法能協助你為推薦的事物找出根據來。根據我的經驗，許多顧客、潛在顧客或其他人，不一定都會對你坦誠。因此讓對方自己找根據、來支持你的說法，他同意你的可能性較高。透過這句話，你可以利用他正要講出來的藉口，反過來讓他完全同意你，如此一來，就能避免自己被某人隨口拒絕。

想像一下，你很怕對方會拒絕你要分享的點子，因為他沒有時間去執行。那對話一開始，你可以這麼說：

- 我敢打賭，你和我有點像：你喜歡把握當下努力打拚，這樣未來就能看見回報。
- 我敢打賭，你和我有點像：你晚上不看沒營養的節目，那些時間還不如用在有助益的事上頭。

- 我敢打賭，你和我有點像：你現在有很多事情要忙，總是想做好每一件事。

在對話一開始摻入這種陳述，同時看著對方的眼睛，接著觀察對方是否朝著你點頭。

對方點頭，他就會察覺，自己對於你的說法是認同的。因此，他就很難推託，說自己沒有時間去做你提的事情，畢竟你也說了，這件事可以讓他獲得想要的事物，而聽的人自己都承認了。

「我敢打賭，你和我有一點滿像的」，

這樣開頭，
通常會讓對方自在的同意你。

神奇字眼 12

如果……那麼……

我們說話的模式、聆聽的模式，乃至於信念體系，全都在童年時期就建立起來、根深蒂固。我們接收的反覆性言語模式，在青少年時期會創造出習慣，而我們就靠它來輔助個人決策。

舉例而言，你年輕時會經常聽見一種簡單的說話模式，而它的影響力經常被忽視。在你還小的時候，大人經常用帶有條件性的句子和你說話，例如：

- 如果你不把晚飯吃完，你就別想吃甜點。
- 如果你在學校不努力用功，那你就不可能進得了你想讀的大學，或是面試上你的夢想職業。

● 如果你不整理房間，你週末就不能出去玩。

當他們對你說了以上這類的條件陳述，你就有可能會相信他。這種陳述對我們的信念和行動十分有力量。

因此，以「如果」作為開頭，創造一個種情境；再以「那麼」開啟第二種情境，對方就會比較相信你講的結果。

● 如果你決定嘗試看看，那我敢保證你不會失望。
● 如果你把這個擺在你的店內販售，那麼我保證，你的顧客一定會喜歡。
● 如果你願意讓我扮演這個角色，那我相信你之後會感謝我的。

透過創造「如果……那麼……」的這塊「三明治」，你就能呈現對方保證滿意的結果，對方才相信你。

如果你想試試看這一招，那我很確定你試過以後，會立即見效。

神奇字眼13

別擔心

接下來這個簡單的字眼，在對方緊張、害怕、擔心時，能展現出的力量令我驚喜。

當某人不知道、害怕接下來該怎麼辦，你感受到他正在焦慮時，標題這三個字可以讓對方隨即放鬆，而且你可以看出他的變化。

你說「別擔心」，他們就變得比較放鬆，也能宣洩堆積的緊張情緒。只要展現自信、平靜的說出這句話，對方就感覺鬆了一口氣，因為他們自覺重新掌控局面。

這句話在高壓力的情境中特別有效，比如應付恐慌的人，或只是溫柔的讓對方放鬆。當對方猶豫不決，請你維持姿勢、保持放鬆，彷彿告訴了他：我已經控制了局面，還能為你我指出下一步。

以下是常見的範例：

- 不用擔心，你現在緊張才是正常的。
- 別擔心，我知道你不知如何是好，但這就是我來找你的理由。讓我來幫你度過這段過程，克服路上出現的所有險阻。
- 別擔心，我開始之前的感受跟你一樣，你看，我現在不也是撐過來了？

所以，別擔心你記不住本書提到的新字眼。那些字句總有一天會派上用場，而隨著你的對話結果越來越好，你會更加熟練。

「別擔心」這三個字，用在高壓力的情境中尤其有效，

例如應付恐慌的人；
這三個字能使人放鬆。

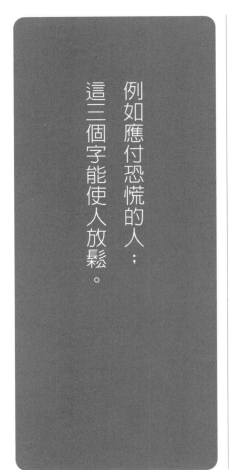

第二章 做任何決定之前……

——這些神奇字眼能瞬間改變人的決定

14 神奇字眼

大多數人……

我和客戶協商之所以會成功，多半都是靠本篇標題的這幾個字，它比我在事業上使用的任何策略都還有效。

事物進展的最大阻礙，就是遲疑不決。這四個字能讓人立刻不再拖延。

關於人，有幾件事值得你知道，而我在此要說兩件大事。

第一，只要有人比其他人先下決定，而且決定的結果很好，其他人就能獲得極大的信心。

請考量以下情境，搞不好你自己也有這種經驗。度假時，你看到一群小孩站在岩壁上，想跳下水去，但沒人敢當第一位。然而，只要有一個人勇敢的跳下去，濺起水花，沒受傷，還浮出水面露出燦笑，那麼還佇立在岩壁上的人就會覺得可以跳。**人，大都喜歡跟隨別人，而且相信人多就是安全。**

第二，有時候，人就是需要別人指示應該怎麼做，但若沒經過他們允許，就稍嫌沒禮貌了。我很確定你也曾差點脫口而出：「其實我覺得你應該這麼做……。」

上述兩大因素使「大多數人……」這句話發揮力量。而現在你面臨一種情況，你很想對某人說：「欸，我覺得你應該這樣做。」卻說不出口，因為這樣有點白目。所以你不如換一種說法，說「大多數人……」告訴對方在這種情況下別人都怎麼做，接著靜觀一切。

當你告訴對方，大多數人會怎麼做，對方的大腦潛意識就會有所反應：「啊哈，我就是大多數人啊！所以我也該這麼做。」

當你告訴對方，大多數人會怎麼做，

對方的大腦就會說：「我就是大多數人，所以我應該這麼做。」

這裡可以舉的例子太多了：

● 大多數人都會在這裡和我一起填好表格。然後你就能獲得歡迎包（welcome pack），再來我會幫你報名發表會。

● 一開始，大多數人會先下小訂單，買進一些最佳產品，看日常生活中它運作的情況如何，再決定要不要買。

● 大多數人在你這種情況下，一定會奮力抓住機會，因為他們知道，這樣做幾乎沒風險。

自己試著反駁前述這些例句，就會明白這四個字能如何強化你的論點。事實上，許多人在日常對話就會提及「大多數人……」，然後他們其中的大多數人，都會立即收到正面的效果。

大多數人在日常對話就會講到「大多數人」，

然後他們其中的大多數人，都會立即得到正面的效果。

神奇字眼 15

好消息是……

我們差不多該來談談，你該怎麼將負能量逆轉。負能量可能是來自你的團隊成員、潛在顧客，或其他你周遭的人。

標題這三個字是一種工具，它用「貼標籤」（labeling）的技巧來轉負為正。

一旦你為某事物貼上標籤，其他人在對話時，要將它撕下來就不容易。

若對方接受這張新標籤，你就改變對話的方向，花最小的力氣就能邁向更正面的結果。

用「好消息是……」這句神奇字眼，來為你所贊同的觀點開場，對方就必須接受你貼上的標籤。這種扭轉心境的樂觀態度，能幫你面對人生的消極面，避免你的對話淪為傷害自己的抱怨或者自憐，同時幫助你建立新的方向。

假若某人懷疑自己從事某事務的能力，你可以回答：「告訴你一項好消息，有一群人初期的狀況和你完全一樣，但之後他們成功了，還站在這裡支援你！」

假如對方不確定自己有能力勝任某個事業，這時你就說：「好消息是，我們會提供全面的訓練，你可以照自己的步調來，學會所有必備技能，讓這項事業成功。」

假如有人抗拒改變，卻還是想更成功，你可以這樣回答他：「好消息是，你知道現在這麼做行不通，那試一下新東西有什麼關係？」

以「好消息是……」當開場白，你就能讓對方樂觀以對，消滅對話中所有負能量。

用「好消息是……」開場，

你能讓對方樂觀以對，消滅對話中所有的負能量。

當對方為自己的裹足不前找藉口，你可以說出另外四個字，執行前述原則。

對方找藉口，其實是希望你反駁他，讓你在這個點糾結。**下次有人找理由不做某件事，你就回：「那很好啊！」**當某人說「我不能做，是因為某某原因」，你就回他：「那很好啊！你又找出一個行不通的理由。」然後，你會發現他的眼神變了，他的想法已經改變。或許他會認為你根本沒聽懂，但你也不會期望這種人走進你的生活吧？

用「好消息是……」為情境帶出積極面，再用「那很好啊！」回答對方，很快的，你就能改變對方腦中的天平，讓他質疑自己，進一步達成更好的結果與行為。

利用「好消息是……」為情境帶出更多積極面，

再用「那很好啊！」回答對方，
你馬上就能改變對方腦中的天平。

神奇字眼 16

接下來呢……

有一種經常在商業討論中發生的景況：

你已經創造出機會，找出熱騰騰的潛在顧客，也約他出去、告訴他你能提供協助。而現在，他面帶微笑的對你的簡報頻頻點頭。**但就算你跟他打好關係、告知對方他該知道的訊息，結果卻還是可能不了了之，因為沒有人帶頭做決定。**

這種情況太常發生，因為任誰都很怕自己被對方「硬推」去做決定，或將「主控」丟給自己，結果整場討論虎頭蛇尾。把決策權交給對方、希望他做出正確的選擇，當然輕鬆很多，但少了你敲邊鼓，通常對方就無法下決定，結果會是雙輸。

在這類諮詢式討論中，你要負責領導對話，且在分享必要的資訊之後，讓這一波討論圓滿收場。

你必須讓他知道，接下來會如何，這時要用上的神奇字眼正是「接下來呢……」。這一招連結所有決策必要的資訊，也就是你的簡報，將**帶領他畫下你要的句點**。所以你得創造一個情境，**不要問他想怎麼做，而是告訴他接下來會如何**。

「接下來呢，我們會花點時間填好你的個人資料、把所有事情處理好，這樣你就能盡快收到所有需要的事物。然後，我們要約好下次會面的時間，開始執行。所有步驟我都會帶你走一次，直到你了解目標，並對你可取得的一切支援有充分了解為止。為了要留一份你的個人資料，請問你最方便的收件地址是哪一個？」

你要負責領導對話，

而且在分享必要資訊後
讓這場討論圓滿收場。

問題越容易回答，

就越能讓對方執行你想要的決定。

用一道容易回答的問題來收尾，你就能立即得到答覆，以及正面結果。

從剛才討論的案例你就知道，在結尾問一個簡單的問題，只要他願意給你地址，就表示他對你的提案有興趣。

你可以自由的提問，來替你的情境收尾。問題越好回答，越能讓對方回覆你偏好的決定。只要用「接下來呢……」進行簡潔、有建設性的對話，那麼你在與顧客的第一次見面，就能成功為對話畫下句點，這樣一來，你和這群人會面時，就更有可能取得好結果。

神奇字眼 17

你為什麼會這麼想（說）？

被人否決，是日常生活的家常便飯。不論是私人生活或職場，我們都得面對他人的遲疑不決，也經常得收下別人的反對意見。

這種對話可能很具衝突性，所以為了避免爭吵，大多數人都寧可放棄原定目標，讓自己的日子好過一點。

為了克服對方的反對，你必須先了解到底「反對」是什麼。對方提出反對，有可能其實是想說：「不用，謝謝。」或想擇日決定；但無論如何，對話的控制權都算是轉手了。亦即，只要對方反對，主導權也落入他手中，你只好乖乖聽他的話。

成功的協商仰賴維持對話的主導權，而有主導權的人，一定是發問的那個人。只要你把每一次反對，都當成提問來看待，同時再回問對方一個問題，就能拿回主導權。

在商場上常見的反對有以下幾句：

- 「我沒時間。」
- 「時機不對。」
- 「我自己逛就好。」
- 「我現在沒錢。」
- 「在決定之前，我先跟別人討論一下。」

當你被人這樣反對時，效果最差的做法就是用相反的言論來回應對方、直接否定他們目前的看法。其實，你可以對前幾句常見的反對說法抱持好奇心，然後反問問題。

成功的協商，全靠掌握對話的主導權，

而主導權，
一定握在發問的那個人手中。

當然，你可以針對每一條反對的理由，想出獨特、精確的問題來挑戰；但你也可以只利用一句神奇字眼——它在上百萬種類似情境下都有效：「你為什麼這麼想？」

以下是常見的例句：

● 顧客說：「我想在決定以前，先跟別人討論一下。」你馬上回他：「為什麼你會這麼想？」

● 客戶說：「真的啦，我現在錢不夠。」你回答他：「你為什麼這麼想？」

● 顧客說：「我真的不曉得自己有沒有時間，可以把這件事物整合進我目前的工作。」你回他：「為什麼你會這麼認為？」

換人主導，對方就被迫要給你答案，解釋自己的陳述是不是遺漏了什麼。

這樣回答，你就不會未審先判，或是和對方吵起來；而且在你提出下一個想法或行動以前，也能先掌握對方的觀點。

一旦你聚焦於他的說法再提問，是要求他們為自己解釋。「你為什麼這麼想？」這句話示意他現在要負起責任，好好解釋自己真正的想法。只要對方的解釋清楚了，你就能幫助他決定，不然至少明白了他這次不行的真正理由，而非只是吞下推託的藉口。

神奇字眼 18

在你決定之前

要讓某人從「不要」變成「好啊」，幾乎不可能。在你讓人完全同意前，你的第一個動作是讓他們覺得「好像可以」。

假如你發現對方不太想選你提的點子，那接下來，你可以用這句神奇字眼作為開場白：「在你做出決定前……」，如此一來，你就能把對方拉回你這邊。

以下是一些例子，看看你能如何套用這句話來延續對話：

- 我說啊，在你下決定前，再重新檢視一下事實吧。
- 在你決定之前，我們何不重新看過一遍細節？這樣你才知道你錯過了什麼。

● 在你下決定前，先和其他人聊聊看，這件事會改變你與家人的現況。

上述這些簡單的例句，等於提供對方新角度，通常能軟化對方的態度，也就能繼續協商。只要改變對方的觀點，你就能提供其他資訊來支持你的點子，也增加你對於其決策的影響力。

神奇字眼 19

如果我可以……你願意……嗎？

你是否有遇過一種狀況是，你的顧客找理由說：「我做不到你希望我做的事。」然後回絕你？

或許他們希望，你能調整原先的條件，或把價格壓低一點。

同樣的事也會發生在我們的日常生活上，就像不少人會為了拒絕參加活動找藉口。

會發生這種情況是因為對方開了一個外部條件，讓他這次拒絕你的點子顯得有道理。他將自己置身於流程之外，把責任推給他掌控不了的事物。

在這種情況下，你可以**反問一個問題來化解他的拒絕理由**，這句話能讓你把那個條件隔離在外，也就是：「如果我可以……那麼你願意……嗎？」

想像一下，下週五晚上，你想揪朋友一起出去。結果朋友回你：「我的車送修了，那麼晚也沒有公車可以搭。」這麼拒絕你。此時你可以這樣問來克服：「如果我開車去接你，結束後再送你回家，那麼和你約晚上七點好嗎？」

當你面對客戶拿著另外一家公司的報價來找你殺價，這種情況也能採用這項原則。

「假如我也降價，你願意立刻下訂嗎？」

在以上這兩段情境中，你都沒有硬吞對方開的條件，但接下來會有什麼發展，你心裡有數。對方可能會更願意說出他拒絕你的理由，不然就馬上答應你。而只要他同意這個條件，你就能提出最佳選項，你渴望的結果實現的機會也更大。

在這種情況下，

你可以反問一個強力的問題，來打消對方的主張。

20 神奇字眼

……夠嗎？

接下來要談的這個字眼是為某些情境設計——你希望對方決定數量，或某個服務的程度時。

以零售店為例，顧客老是無法決定某些商品該買多少件。搞不好**只要用上這個字眼，對方決定的數量就容易比預期再多一點。**

你也是，現在你站在雜貨店，正在猶豫應該買幾顆蘋果。

在任何情況下，假如你參與決策流程，你就影響他人的行動。消費者最喜歡別人來教他怎麼做，因此只要練就幫別人下決定的技巧，你就能接連取得高績效。

現在返回雜貨店的情境，想像一下，你在考慮該買四顆還是八顆蘋果。這時候，店員跑來幫你結帳、直接問你：「八顆夠嗎？」你可能不假思索就回答他：「好啊！」

商場上，你的目標有可能是讓顧客不斷來買你的產品，而關鍵在於，你要讓他「買對數量」，他也就習慣使用你的產品。你一定很喜歡用旅行盥洗包，但從來沒注意自己用哪一牌；假如你買過某品牌「買二送一」的套組，那之後通常都會用這一家的盥洗包。

我之前和一家公司密切合作，它以能量膠為重點商品，希望顧客群會一直回來消費。而當店員、顧客面對面討論時，顧客的難處在於不知道該買幾瓶，通常都是猶豫要買兩瓶、還三瓶。此時，你不用向對方詳細解釋為什麼三瓶比較好，而是直接問對方：「三瓶夠嗎？」

簡化顧客的決策。

無論在任何情況下，

假如你參與了決策流程，
你就有力量影響他人的行動。

把這項原則整合進有關於你事業的對話，

就會大幅影響你的結果。想像一下，你每次交易都能多賣出一件產品。

利用上述字眼，能讓對方回答這個直截了當的問題，而通常「好啊」是最省力的答案。

假如對方耳根子軟，又一定得二選一，那你只要熟練上述字眼，幾乎都能讓對方選擇數量多的選項。

你在自己的事業中，一定碰過許多類似的情境。你要知道，當你讓對方在兩個數字間做抉擇時，那兩個答案被選擇的機率各為一半。然而，假如你直接用數量較多的選項問對方，加上「夠嗎」兩字，就能讓機率對你更有利。把這項原則整合到所有與你事業相關的對話，會對結果產生重大影響。想像看看，每一次交易你都能多賣出一件產品，很棒吧？

神奇字眼 21

還有一件事……

許多企業的銷售訓練計畫，經常會提及「追加銷售」（upsell）的重要地位：讓顧客在交易當下，購買更多商品。

我已經在上一篇和你分享一個，可以簡單實現此目標的方法。其實另外還有一招較少見，稱為「其次銷售」（downsell）。意思是，假如你在對話中沒能達成主要目標，你就必須努力實現次要目標。

例如本來你想談成一紙大型的長期合約，那你的其次銷售便是試用合約。又或者，現在你的事業必須找人合夥，那你的其次銷售就是成功讓對方試用你的產品。

標題這段字眼，可以讓你在對話結束時創造機會。你用這套字眼再試一回，總比空手而回好吧！這一招，是我小時候和爺爺、奶奶看犯罪影集時學來的。影集中有一位史上最偉大的談判專家——電視神探可倫坡（Columbo），他以用字精準而聞名。

他詢問嫌疑犯時，會先講一段冗長的廢話，藉此蒐集所有可以蒐集的資訊，再轉身離去。

正當嫌犯以為自己逃過法眼，可倫坡就回過頭、食指朝上一比，然後說：「喔，還有一件事。」就在這一刻——也就是嫌犯卸下心防之際——他就能問出下一個問題、取得關鍵資訊，而這條線索總是能讓他破案。

說出「還有一件事」這幾個神奇字眼，

就能讓對話持續下去，不至於空手而回。

在我們生活中的許多情境，這一招如何能發揮作用，請看一下這幾件案例。

你和一群人見面，為了向他們介紹你的點子。他們似乎喜歡你這個人、你提出的主意，但不是很確定，而這次會面就快結束了。你感謝他們抽空前來，資料都收拾好了，一群人走向門口。

此時，你就能創造「可倫坡時刻」，回頭對他們說：「還有一件事。」當他們以為自己沒花一毛錢就要走了，你趁機提出一個簡單的提議——他們很容易試用的那種，把這些人再拉回你的世界。此時要他們自己主動做決定，遠比你之前請求他們時還簡單。

以下是實際應用可倫坡時間的例子：

- 請你試用產品。
- 請你下一張小訂單。
- 邀請你出席活動。
- 跟你介紹一位我覺得你應該認識的人。
- 請你幫我做某一件事。

——或是問一道問題，讓你的第一個提案顯得珍貴。

善用這些時刻，多試幾次「還有一件事」這套神奇字眼，就能讓對話不中斷，也讓你不再空手而回。

神奇字眼 22

幫個忙

想在人生與事業獲得成功，多半需要別人的協助。假如你願意讓別人替你達成目標，那你的達成率就會提升。

你一定有遇過渴望有人來幫你做點什麼的困境，讓你的人生得以更順遂，或者提供必要資訊給你，讓你能向前邁進。

接近本書的尾聲，你是否願意幫我個忙？

想一下，當我直接問你「你願意幫我一個小忙嗎？」的時候，你感覺怎麼樣。我很確定你在那一刻會覺得，你願意敞開心胸幫我，而且認為合情合理。

你可以拿這套簡單、強而有力的神奇字眼，讓別人在甚至還不知道是什麼事時，就同意幫忙。要求別人幫忙，對方通常都會答應你，而且最糟的情況頂多是對方這樣回你：「要看是什麼事。」

想一想，對方答應幫你之後，你可以請求他做什麼。我想你腦中一定有一大堆想做的事情，需要找人幫忙，這時你覺得不知所措。我就在此描述，只是換一個字，便能幫你可以做到多少事。我們就以「推薦顧客」為例，來探討這句話怎麼應用。

從你既有的顧客中增加新顧客，這樣的企業成長策略很穩健，不過很多企業完全沒有實踐這個策略。我認為，業務員無法請老顧客推薦新顧客，有三項主因：

- 他懶得問。

- 他不清楚在何種時機可以問。
- 他不知道如何問。

先來考量上述第一個原因。這種人多半不讀書、不參加訓練，也不認真看待其個人發展。接著我們再考量另外兩項原因。

提及時機，其實請人推薦顧客的時機還不少。若花時間回想一下所有「好時機」，就會發現這些時間的共同點，是你和這位顧客在消費的當下都很開心。當對方因為你的產品或付出感到開心，他們多半會說「謝謝」以表達喜悅；這兩個字容易讓你感覺自豪。而除了這些感覺，你最好了解一下對方說謝謝時，背後的理由是什麼。

對人表示感激，是來自受人之恩。講白一點，當對方跟你說謝謝，是因為他們覺得自己對你有一點虧欠，而此時便是請求對方幫忙的最佳時機。因此你下次聽到顧客或潛在顧客說「謝謝」時，你就能問第一個問題：「想請你幫個忙，會不會太麻煩你？」這個問題簡單到幾乎任何人都願意答應，而你也能立刻提出剩餘的要求。接下來你可以說：

「你該不會剛好認識誰……」

（這等於是在挑戰對方，讓他想證明你錯了，因為他真的認識那些人。）

「只要告訴我一個人就好……」

（只要一個，因為這樣的要求既合理又簡單，對方就更容易想到一個名字來回答你。）

「我想找跟你一樣的人……」

（這樣說，可以精簡對方的選項，也就能給你更適合的潛在顧客；而且你還順便恭維了對方。）

「你會因為XXX而受益的……」

接著，再強調對方能透過他感謝的事物，得到哪些特殊利益或正面體驗。

這時你就可以閉嘴了！

對方向你說謝謝，他同時自覺對你有所虧欠，

而這正是請對方幫忙的最佳時機。

對方想出幾位人選後，你得知道接下來該怎麼辦。你可能光從肢體語言就能得知對方想到人選了，此時，你要記得說：「別擔心，你只要告訴我你想到誰就好，我不打算問他們的詳細資料。」

這樣說，對方的壓力就解除了，而且只會記得前半句。然後弄清楚，對方下次什麼時候會見到他提的人選。

「請你幫個小忙，會不會太麻煩你？（假設他已經答應你了）下次你見到史蒂夫時，可以問一下他願意跟我做生意嗎？說不定他會願意打電話問我，可以幫上他哪些地方，就像我幫你一樣。」

你眼前的這位潛在顧客幾乎都會答應你。

「那我下週打電話給你，問你和史蒂夫談得怎樣，你方便嗎？」

對方多半還是會答應你。然後你依約致電給對方：「我猜你還沒跟史蒂夫談過？」

假設對方是言而有信的人，他會自豪的承認自己談過了，或因為沒談過覺得不好意思，然後告訴你他什麼時候要談。

這種魔法還滿諷刺的，因為你放慢了流程，卻能更快得到結果，最後跟真心等你電話的人說上話——他們不但期待聽你說，還很感激你。這樣做，既有顧客就會分享經驗給新顧客，使這位新面孔承諾簽約。其實我每天都會使用上述這種方法，打電話找上某個人。

現在請你幫自己一個忙，看看有什麼事情可以找別人幫忙，而且是在對方還不知道要幫什麼之前，就讓他答應你。

神奇字眼 23

我只是有點好奇

有一種回絕提議的說法最讓我感到洩氣，那就是：「我需要時間考慮一下。」

我不是說對方必須匆忙決定。只是根據我的經驗，對方這樣講就表示，他不想好好分析自己的決定，而是打算把決定延到另一天。

你可以套用這樣的情境，想像一下，假設你花時間去拜訪潛在顧客，認識他並傾聽他遇到什麼挑戰。接著你詳細推薦，自己能如何幫助他達成目標或克服挑戰，結果他給你一個模糊的答案，導致這一串討論無法圓滿收場。

我真的覺得這樣不公平。我認為你只要講得有道理，對方至少要稍微透露自己的想法。

聽到前述這種回答，我通常很想大叫：「你是在考慮什麼啦！」假如他們願意對我敞開心胸，或許我就能幫助他們。但問題是，我不能真的問下去，因為這樣感覺很沒禮貌，或是很白目。有人遇到這種情況就會說：「沒關係，你不要有壓力；等你準備好了我們再談！」然後放棄這次機會，默默希望過一陣子對方會改變心意。

我會這麼洩氣的理由在於，我得問一個既粗魯又白目的問題，而且聽起來不能既粗魯又白目，才能得到真正的答案。我不是要他們非答應不可，而是希望對方誠實討論，這樣他和我們都會知道真正的阻礙在哪。

我發現，假如我用一句神奇字眼，當作這類直接問題的開場白，就能把粗魯與白目，變成溫柔與婉約。只要替自己的直接問題找個理由，取得提問的許可，我就能立刻搶到對話的主導權。我使用的字眼是「我只是有點好奇」，它們對許多粗魯問題來說，都是很完美的開場白。

請參考以下例句：

- 我只是有點好奇，什麼部分讓你必須花時間考慮？
- 我只是有點好奇，你需要什麼東西才能做決定？
- 我只是有點好奇，是什麼東西令你裹足不前？

上述這些例句有個大重點：**你問完之後要保持沉默**。沉默是金，**你千萬不能亂猜對方的答案**，或是曲解他的意思。他們現在知道必須給你一個合適的答案，而接下來會出現兩種情況。

想成為「逼人做決定」的專家，

你就一定要大膽提問。

第一種情況是十二秒之後（但感覺像過了三週），他們會回你一個真心誠意的答案，而你可以善用對方的開誠布公。第二種情況，是他考慮回答的時間超過十二秒。但這其實是好事，你就閉上嘴巴、什麼都別做，讓時間流逝。

在這段延長的停頓之際，他們正在努力想藉口，但通常都想不到。然後，他們就會回答：「嗯，也是啦，其實沒什麼好考慮的。」、「也沒有一定要什麼東西啦。」、「其實也沒遇到什麼阻礙。」你心裡準備好問對方這個問題，但對方還沒準備好問自己，這個事實會促使對方做出決定，而且你跟他都知道，他起初就應該有所決定。**想從平凡人變成「逼人給出決定」專家，你一定要大膽提問。**

結語

看過並思考過前述這麼多字眼，我保證你現在應該知道，在適當的時機講適當的話，就會讓一切大不同。我還有一個東西想跟你分享，但它不一定是神奇字眼。

不過，這個東西在你傳授知識或智慧給別人時，將會對你的成功程度，造成巨大且深刻的差異。

許多人都害怕談到自己事業或產業的專業知識時，會被人給問倒，所以對每個問題都必須找好美妙的解答。

大約十年前，我認識一位極為成功的業務員。當時我在和他討論成功這件事。這位奇男子羅傑（Roger），在簡訊剛問世的年代就已經在這間會議室裡工作，而且在電信產業有悠久而輝煌的生涯。我記得自己正和他談到類比電話轉數位，他就跟我說，顧客很常一直問他：「這套新科技是怎麼運作的？」

為了回答這種問題，他只好向對方解釋何謂科技更新、用他的深度知識給予最完整的答案，結果，對方聽完卻只是面無表情的看著他。有一次羅傑靈機一動，發現自己做錯了，而在改變做法後，事情有了一百八十度的轉變。

原本他覺得自己的責任，是如實告訴對方這個產品怎麼運作。但他很快就想通了：他的責任不是給對方「真正的」答案，而是只要給

「一個」答案，所以他回答問題的方式就變了。從此以後，只要顧客問他：「這些東西是怎麼運作的？」他就回答：「運作得很好！」而他的顧客有九成都很喜歡這個答案。

想像一下這招有多管用。當顧客與潛在顧客問：「這些東西是怎麼運作的？」你是否可以只回答「運作得很好」？當他們問你這些產品會產生什麼效果，你是否可以只回答「好效果」？

這種簡單、輕鬆、正面、振奮、不直接回應的答案，會把對方唬得一愣一愣的，促使他給出正面的決定，而不是被事實搞得更頭大。

簡單、輕鬆、正面、振奮的答案，

會把對方唬得一愣一愣的，促使他們做出正面的決定。

你在本書學到的一切都很容易實踐，而且真的有用。

不過，這些用字措辭並非對所有人、所有時機都有用，只是對大多數人、大多數時機有用。也有可能你現在做的事，只對某些人、某些時機有用，所以拜託別只試一次就跟我說行不通。你要一試再試，直到習慣成自然。

把它們化做日常語言，如此一來，改善小地方與稍微改變說詞的相乘效果、精準表達的能力、以及嵌入一些神奇字眼，都將強化你的企圖心、奉獻心與動力（並在其中點綴一些技巧），讓你不再計較對話次數的多寡，而是讓對話變得有意義。

希望你準備要做的改變，都能獲致成功。請享受這趟旅程吧！

致謝

我的人生受到祝福、認識了許多優秀的人，因此寫這份謝辭令我不勝惶恐。我當然會不慎遺漏某些很棒的人，而且還有上百名與我素不相識的投稿人，影響了我很多。我很清楚，本書之所以能成真，是多虧了一群神奇的人士。

不過我首先要感謝的，是數千名消費者，這幾年來，你們督促我專心工作，並鼓勵我自我挑戰，以獲取到的經驗撰寫本書。若無法應付現實的複雜性，就無法學到簡潔的力量。大家總說業務員很狡猾，但根據我的經驗，顧客也不是聖人！

接著，我要感謝我的第一位導師——「instil」網站（www.instil.co.uk）的彼得・李（Peter Lee）。雖然我在每本書中都會感謝他，卻還是無法表達他對我的啟發有多大；他只靠一次訓練課程，就讓我的人生變得大不同。

而我無數場演講的聽眾也值得一提。這些年來的上百篇評論，激勵我寫出文章，鼓勵那些不太敢講話，卻從未放棄追求成功的族群，讓他們把話說清楚。

近期的話，我必須提一下鮑伯・柏格（Bob Burg）、史考特・史崔頓（Scott Stratten）與專業演說家社群的驚人才華；他們不吝與我分享經驗，還提醒我：別太不食人間煙火！

若沒和「第二頁策略」公司（Page Two Strategies）的特殊團隊合作，本書就不可能付梓。尤其要感謝崔娜・懷特（Trena White），在我差點放棄完成本書時，用有說服力的理由支持我；嘉布麗葉・納斯泰德（Gabrielle Narsted）將一切事務維持在正軌上，讓錯過截稿日的我感覺像個小屁孩似的；還有超有耐心的珍妮・歌維爾（Jenny Govier），編書功力一流，讓你看不出來我只會寫「英式英文」。

最後，人們總說：「每個偉大的男人背後，都有個偉大的女人。」而我對某兩位女士的感激之情，遠勝於此。首先是我認真、誠摯的助理邦妮・謝弗（Bonnie Schaefer），在任何情況下都能遊刃有餘的支持我，並總是早我一步安排事情，讓我能從事自己最擅長的事。接下來我要感謝的人，是我美麗的太太——夏洛特（Charlotte）；我很難只用幾句話表達我對她的感激，看來我得再寫一本書來表示我誠摯的感謝。她鼓勵我精益求精，而且我們夫妻倆成功「敲定交易」（譯按：互許終身），也給了我很大的自信——原來那些神奇字眼真的有用！老婆，感謝妳為我付出的一切。

作者簡介

天底下最麻煩的，就是寫自己的事。我要怎麼分享經驗，卻又不能像老王賣瓜？而且，你真的想看嗎？我該用第三人稱來寫，看看感覺如何嗎？

在著筆的這一刻，我心裡仍不斷糾結著上述問題。沒錯，我的生涯充滿了挑戰與變化，並且從慘痛的失敗中迅速學到教訓，獲致不少成功。也沒錯，我算是過著夢寐以求的生活（小時候我房間貼了某輛車子的海報，後來我真的開到那輛車；我青少年時期夢想住在某個地方，後來我在該地買了兩棟房子），而且我幫忙別人成就某些事物，他們都對我讚譽有加。但現實是，我只是個普通人，老爸是建築工，盡力為我們所在的瘋狂世界，增添一點秩序與道理。

我關心自己的健康，也關心別人，並相信一個人就有可能改變世界。我的使命，是改變大家對於銷售的想法，讓他們了解，「推銷」並不是髒字。你可以在所有高人氣社群平臺，加入我的「教導世人推銷」（#teachingtheworldtosell）任務。假如你用神奇字眼獲得成功，也請不吝與我分享。

請記住，互相保持聯繫，才真的叫「聯繫」。所以請繼續與我對話吧！

你可以在 Instagram 看到我很隨興的照片：@philmjonesuk

你可以在推特讀到我客觀理性的貼文，但我偶爾會即興抱怨個兩句：@philmjonesuk

想談生意請找 Linkedin：

https://www.linkedin.com/in/philmjones/

你可以在我的臉書找到免費的訓練資源：

www.facebook.com/philmjonessales

喔，還有，歡迎蒞臨我的網站：www.philmjones.com 裡頭有我的部落格與其他更酷的東西。

【厚臉皮打個廣告】

我猜你都讀到這裡了，應該起碼有一點點喜歡這本書吧？現代書籍的評價，都是以亞馬遜書評的全球知名度作為依據。我不曉得你有沒有興趣，但你願意花個幾秒鐘幫我寫評論嗎？因為我跟一位演說家朋友打賭，看誰的書評比較多！

我問這個問題的時候，應該也要讓你知道，我們還有什麼可以互相幫忙的地方。

我夠聰明，所以出版權利在我手上，我與我的團隊可以直接替你大量訂購本書，讓你省下一筆錢。我們能改封面，搭配你的品牌，甚至還能改例句，搭配你所在的產業。這種客製化服務，是我服務我的演講聽眾的方式，而我也很樂意提供同樣的服務給你。請寄信給邦妮：speaking@philmjones.com，我們就能約時間詳談。

國家圖書館出版品預行編目（CIP）資料

讓人無法拒絕的神奇字眼：話該怎麼講，結果立刻不一樣？精準掌握幾個字，瞬間消滅對話中的負能量／菲爾・瓊斯（Phil M. Jones）著；廖桓偉譯. -- 二版. -- 臺北市：大是文化有限公司，2023.07
192 面；14.8 x 21公分. --（Think；257）
譯自：Exactly What To Say: The Magic Words for Influence and Impact
ISBN 978-626-7328-13-2（平裝）

1. CST: 職場成功法　2. CST: 說話藝術

494.35　　112007071

Think 257

讓人無法拒絕的神奇字眼

話該怎麼講，結果立刻不一樣？
精準掌握幾個字，瞬間消滅對話中的負能量

作　　者／菲爾・瓊斯（Phil M. Jones）
譯　　者／廖桓偉
責任編輯／李芊芊
美術編輯／林彥君
副總編輯／顏惠君
總 編 輯／吳依瑋
發 行 人／徐仲秋
會計助理／李秀娟
會　　計／許鳳雪
版權主任／劉宗德
版權經理／郝麗珍
行銷企劃／徐千晴
行銷業務／李秀蕙
業務專員／馬絮盈、留婉茹
業務經理／林裕安
總 經 理／陳絜吾

出 版 者／大是文化有限公司
臺北市 110 衡陽路 7 號 8 樓
編輯部電話：（02）2375-7911
購書相關資訊請洽：（02）2375-7911 分機 122
24 小時讀者服務傳真：（02）2375-6999
讀者服務 E-mail：dscsms28@gmail.com
郵政劃撥／帳號 19983366　戶名／大是文化有限公司

法律顧問／永然聯合法律事務所
香港發行／豐達出版發行有限公司 Rich Publishing & Distribution Ltd
地址：香港柴灣永泰道 70 號柴灣工業城第 2 期 1805 室
Unit 1805, Ph. 2, Chai Wan Ind City, 70 Wing Tai Rd,
Chai Wan, Hong Kong
電話：21726513　傳真：21724355
E-mail：cary@subseasy.com.hk

封面設計／高郁雯　　內頁排版／孫永芳
印　　刷／鴻霖印刷傳媒股份有限公司
出版日期／2018 年 11 月初版
2023 年 7 月二版
定　　價／新臺幣 360 元（缺頁或裝訂錯誤的書，請寄回更換）
IBSN ／ 978-626-7328-13-2（平裝）
電子書 IBSN ／ 9786267328309（PDF）
9786267328316（EPUB）